Geographie im Geländesport

Anleitung zu Beobachtungen bei Geländesport-Übungen und -Ausflügen

von

Siegfried Passarge
o. Professor an der Hamburgischen Universität

Hamburg
Friederichsen, de Gruyter & Co. m. b. H.
1934

Geographie im Geländesport

Anleitung zu Beobachtungen bei Geländesport-Übungen und Ausflügen

von

Siegfried Passarge
o. Professor an der Hamburgischen Universität

Hamburg
Friederichsen, de Gruyter & Co. m. b. H.
1934

Druck von J. J. Augustin in Glückstadt und Hamburg.

A. Allgemeine Gesichtspunkte.

1. Zweck der Schrift.

Neben der körperlichen Ertüchtigung, die der Geländesport bezweckt, beabsichtigt diese Einführung, auch geographisch Nichtgeschulten eine Anleitung zu eigenen Beobachtungen auf Ausflügen und bei Sportübungen zu bieten.

a) Die Fähigkeit, selbständige Feststellungen zu machen, bringt wesentliche Vorteile mit sich. Sie führt zu dem Bewußtsein des Besitzes tatsächlicher Kenntnisse und damit zu Urteilssicherheit, Verantwortlichkeitsbereitschaft, Führerbefähigung.

b) Heimatskenntnis führt zu Heimatliebe, Heimatachtung, damit zu Liebe und Achtung gegenüber Volk und Staat, also zu nationalsozialistischer Denkweise.

c) Ein klarer Bericht eines Beobachters während einer Geländeübung ermöglicht dem Leiter der Übung, sich von dem Gesehenen ein Bild zu machen und den Beobachtungspunkt wieder zu finden.

d) Eine klare Beschreibung des Gesehenen setzt die Kenntnisse von Fachausdrücken voraus; diese sollen hier in einfachster Form gebracht werden.

e) Die Übungen im Gelände bezwecken, unter den Teilnehmern einen Wetteifer zu erzielen, der in hohem Grade belebend wirken könnte, z. B. beim Schätzen von Entfernungen und Höhen, sowie in der Erfassung und Beschreibung der Landschaften.

2. Geländesportliche Gesichtspunkte bezüglich der Wahl der Fachausdrücke bei Abfassung von Berichten.

Jede Beobachtung und Darstellung hat folgende sportlich wichtige Gesichtspunkte ins Auge zu fassen:

a) Beobachtungsbedingungen zwecks Erkennung der Sachlage. b) Deckungsbedingungen für die eigene Abteilung. c) Marschbedingungen. d) Wasserversorgung.

3. Voraussetzungen.

In dieser Schrift werden vorausgesetzt: Kenntnisse im Kartenlesen, Krokieren und der Besitz einer Karte, eines Kompasses und einer Uhr. Damit sind Zeit und Richtungsorientierung gegeben, desgleichen das Schätzen der Böschungswinkel bei Vergleichen mit den Kompaßwinkeln.

B. Geländebeschreibung.

1. Formen des Landes.

Die wichtigsten Elemente in jeder Landschaft sind die Formen der festen Erdrinde und auf ihr die Pflanzendecke und das Wasser. Das Zusammentreten dieser 3 Elemente bestimmt in großen Zügen das Landschaftsbild. Wir wollen zunächst die Oberflächenformen betrachten und bei ihnen Großformen und Kleinformen unterscheiden.

a) Die Großformen.

α) Erdrinde. Im Großen erscheinen in der Landschaft:

Ebenen und Flachländer mit geringen Höhenunterschieden und flachen Böschungswinkeln, vielleicht bis zu 10°.

Hügelländer besitzen Höhenunterschiede bis zu 100 m; die Böschungen zeigen verschiedene Winkel. Wir merken uns die Ausdrücke: Flachhänge bis zu 10°, Mittelhänge 10°—30°, Steilhänge 30°—60°, sehr steile Hänge über 60°. Mit solchen allgemeinen Ausdrücken sind zugleich bestimmte Vorstellungen über Marsch und Transport zu Fuß, zu Pferd, zu Wagen gegeben.

Bergländer haben Höhenunterschiede von 100—500 m. Die Böschungswinkel sind flach bis sehr steil.

Gebirgsländer haben Höhenunterschiede von über 500 m und gleichfalls ganz verschiedene Böschungswinkel.

Damit kann man eine Gegend in großen Zügen kennzeichnen.

β) Pflanzendecke.

Im Großen kann man unterscheiden: Wälder (Misch-, Laub- und Nadelwälder), Felder, Wiesen, Kulturparkland d. h. ein Durcheinander von Feldern, Wiesen, Gehölzen, Bäumen.

γ) Wasser des Landes:

Im Großen erscheinen Seen, Flüsse, Sümpfe.

δ) Das Meer.

An der Nordsee vor den Marschen und dem Deich die dauernde Meeresfläche, die Watten, die Inseln, der „Außendeich“, d. h. das ungeschützte Sumpf- und Wiesenvorland.

An der Ostsee das Meer mit Strand und Kliff oder mit Dünenwall oder Buchten und Haffen, auch mit Inseln (Rügen, Fehmarn, Poel).

ε) Das Zusammentreten der Landschaftselemente.

Häufig kann man im Großen mit einem Blick das Zusammenfallen von Formen der Erdrinde, der Pflanzendecke und des Wassers erkennen; zum Beispiel Waldberge — Felderhänge — Wiesenebenen mit Flüssen. Daß ein solcher Überblick sofort ganz grundlegende Erkenntnisse bezüglich der sportlichen Möglichkeiten, hinsichtlich Fernsicht, Deckung usw. — erschließen, ist klar. Auch an den Küsten ist eine schnelle Orientierung im

Großen möglich. Es folgen aufeinander: Sandstrand — wenig bewachsener Dünenwall — Haff, oder es folgen auf den Strand: Waldkliff — Felderflachland, oder es schließen sich im Bereich einer Seebucht an: Wiesenniederungen — Waldkliff — Felderflachland.

b) Die Kleinformen.

α) Die Profillinien der Berge.

Mit Hilfe der Gradeinteilung des Kompasses sind die Böschungswinkel zu bestimmen: Flachhang bis 10°, Mittelhang 10—30°, Steilhang 30—60°, sehr steiler Hang über 60°. Ferner ist wichtig mit Rücksicht auf Bewegungsmöglichkeit und Deckung die Hangform: Wölbungs-, Hohl-, Gerad-, Stufen-, Kamm-, Gratprofil — scharf abgesetzter oder allmählich übergehender Bergfuß. Zusammengesetzte Profillinien sind häufig (Abb. 1—9).

β) Bergformen.

Die Abb. 1—9 zeigen besser als Beschreibungen, was man zu verstehen hat unter Gipfelbergen, Kammbergen, Tafelbergen und deren Abarten.

Bergfuß (Abb. 1—3) nennt man den unteren Rand eines Berges, der sich aus einem Flachland erhebt. Er kann glatt, gelappt, gebuchtet sein. Die Grenze zwischen Berghang und Flachhang ist scharf abgesetzt oder bei allmählichem Übergang verschwommen. So gestaltet kann der Bergfuß bei sämtlichen Arten von Bergformen sein. Daß die Beschaffenheit des Bergfußes sportlich bedeutsam ist, ist wohl klar.

γ) Kleinformen auf Hängen der Berge.

Auf den Hängen von Bergen ragen manchmal kleinere Gebilde empor, oder die Oberfläche der Hänge zeigt für Sport und Orientierung wichtige Erscheinungen. Leicht verständlich sind die Ausdrücke wie glatte, wellige, zerschluchtete Hänge. Ferner Geröllhänge und Blockschutthänge, das heißt die Oberfläche ist mit Geröll oder Blockschutt bedeckt. Tritt der Blockschutt streifenförmig — stromartig — auf, so spricht man von Blockschuttströmen (Odenwald, Riesengebirge, Zobten, Rhön).

In den Alpen sind den Hängen oft Zacken, Türme, Hörner, Zähne, Wände, felsige Hänge aufgesetzt. In unseren Mittelgebirgen gibt es „Felsburgen“ aus Granit (Riesengebirge), Porphyr (Thüringer Wald), Quarz (Bayrischer Wald). Flachlagernde Gesteinsmassen aus verschieden widerstandsfähigen Gesteinen lassen Stufenhänge entstehen (Abb. 5, 9). Daß solche Gebilde sporttechnisch wichtig sind, ist ohne weiteres klar.

c) Hohlformen.

α) Geschlossene Hohlformen sind Spalten, Löcher, Trichter. Rundliche Wannen haben ebenen Boden und scharf abgesetzte Hänge, Pfannen aber einen muldenförmigen Querschnitt. In Karstengebieten (Schwäbischer und Fränkischer Jura), in Gipsgebieten (Südrand des Harzes) sind solche Hohlformen häufig. Ihre sportliche Bedeutung ist klar.

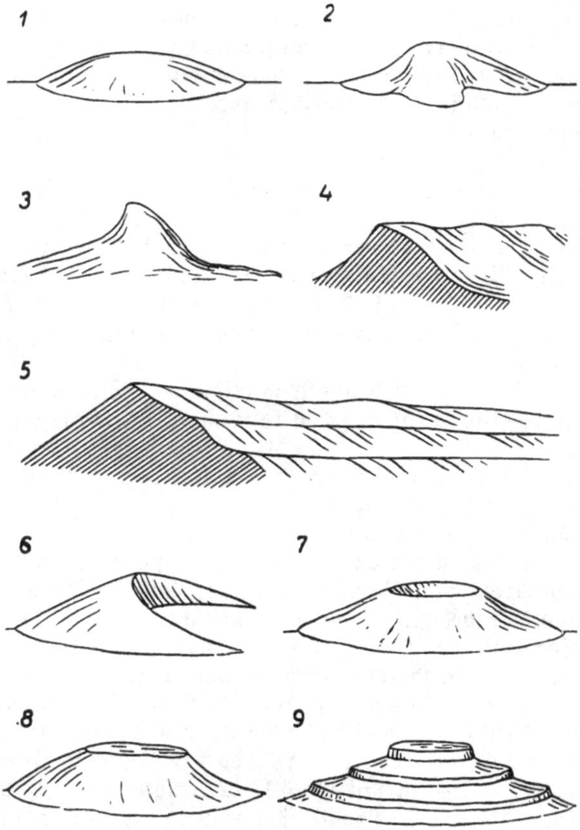

Abb. 1—9.

Abb. 1. Buckel mit Wölbungshang, glatter scharf abgesetzter Bergfuß.
Abb. 2. Kuppe, links Hohlhang, rechts Wölbungshang. Gebuchteter scharf abgesetzter Bergfuß.
Abb. 3. Kegel mit Hohlhang links, Hohl-Wölbungshang rechts mit Übergangs-Bergfuß.
Abb. 4. Gratkette mit Hohlhang links, Hohl-Wölbungshang rechts.
Abb. 5. Kammkette mit Geradhang links und Stufenhang rechts.
Abb. 6. Hufeisenberg (bei Dünen, Vulkanen).
Abb. 7. Kraterberg (Vulkan).
Abb. 8. Tafelberg mit Wölbungs- und Hohlhang.
Abb. 9. Tafelberg mit Stufenhang.

β) Die Täler (Abb. 10—17) und ihre Formen sind von größter Bedeutung; dienen sie doch meist den Verkehrsstraßen und können sie doch beim Überqueren große Hindernisse darstellen.

Nach dem Querschnitt kann man unterscheiden: **Kerbtal** ohne **Sohle** oder mit **Sohlenleisten** bzw. **Sohlenhalbmonden** (Abb. 10).

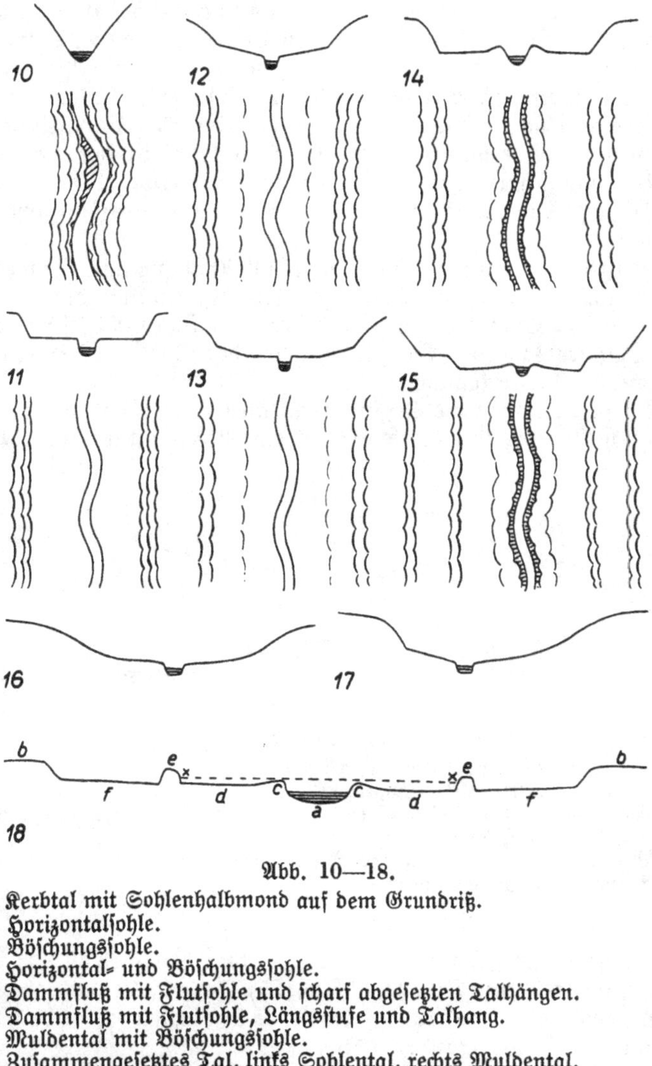

Abb. 10—18.

Abb. 10. Kerbtal mit Sohlenhalbmond auf dem Grundriß.
Abb. 11. Horizontalsohle.
Abb. 12. Böschungssohle.
Abb. 13. Horizontal- und Böschungssohle.
Abb. 14. Dammfluß mit Flutsohle und scharf abgesetzten Talhängen.
Abb. 15. Dammfluß mit Flutsohle, Längsstufe und Talhang.
Abb. 16. Muldental mit Böschungssohle.
Abb. 17. Zusammengesetztes Tal, links Sohlental, rechts Muldental.
Abb. 18. Dammfluß (a) in Flachlandplatte (b), mit Uferwall (c), Flutsohle (d), Deich (e) und geschützter Wiesensohle (f), x—x Hochwasserlinie.

Sohlental mit Talhängen und Talsohle. Diese kann sein eine Horizontalsohle (Abb. 11) oder eine Böschungssohle (Abb. 12), oder sie besteht aus beiden (Abb. 13).

Flutsohlental mit Uferwällen am Fluß und mit bei Hochwasser überschwemmten Flutsohlen (Abb. 14). Diese können an den Talhang oder an eine Böschungssohle oder an eine Längsstufe grenzen (Abb. 15). Eine Längsstufe ist eine ehemalige Talsohle, die infolge Tieferlegen des Flußbettes in ein höheres Niveau geraten ist. Ein Muldental hat einen muldenförmigen Querschnitt (Abb. 16). Manchmal ist der eine Talhang gegen die Sohle scharf abgesetzt, der andere nicht (Abb. 17).

Abb. 18 zeigt den Querschnitt durch ein eingedeichtes Flutsohlental im Flachland.

Im Längsschnitt unterscheidet man: Gleichmäßig ansteigendes Profil (Abb. 19) und Querstufen (Abb. 20). Mündungsstufen der Nebentäler (Abb. 21) an der Einmündung in das Haupttal sind nicht selten. Sie sind an dem Emporsteigen des Weges, der von der Sohle des Haupttales in das Nebental führt, erkennbar.

Der Talschluß oben im Beginn des Tales ist verschieden: eine Kerbe, eine längliche Mulde, eine breite Schale, ein Zirkus mit oft steilen Hängen.

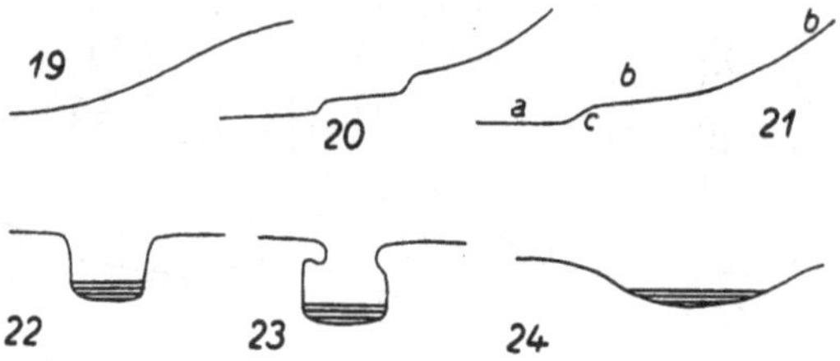

Abb. 19—21.

Abb. 19. Normalprofil eines Tales (Längsschnitt).
Abb. 20. Profil mit Querstufen (Längsschnitt).
Abb. 21. Haupttal (a) mit Nebental (b—b) und Mündungsstufe (c) (Längsschnitt)
Abb. 22. Bachbett von Grabenform.
Abb. 23. Wiesenbach mit überhängender Wiesennarbe.
Abb. 24. Bachbett von Muldenform.

Das Flußbett ist grabenförmig oder muldenförmig (Abb. 22, 24) oder hat einen Prallhang und Gleithang (Abb. 25). Im Längsschnitt aber können Schnellen und Fälle auftreten. Wiesenbäche haben oft überhängende Ränder an den Grabenwänden (Abb. 23).

Die Formen der Talhänge können sehr verschiedene Böschungswinkel und Gehängeformen haben: Felsen, Stufen, Wände, Schluchten.

d) Wasserscheiden werden gewöhnlich von den Wegen benutzt, sind daher wichtig. Sie liegen auf Kämmen, Graten, Tafelflächen, aber auch auf der Sohle von Tälern = Talwascherscheide.

e) Die Pässe sind ebenfalls für den Verkehr wichtig. Nach der Tiefe des Einschnittes kann man sprechen von einem Mulden-, Scharten- oder Lückenpaß. Durchbruchspässe sind Durchbrüche von Tälern durch Bergzüge.

f) Unter Taldichte versteht man die größere oder geringere Entfernung der Täler auf den Berghängen von einander. Sie ist groß, wenn zwischen den Tälern nur schmale Rücken und Grate liegen, mäßig, wenn die Zwischenstücke breit sind, gering, wenn die Täler vereinzelt liegen. Ausdrücke wie große bis mittlere oder geringe Taldichte sind praktisch.

g) Gesteine im Landschaftsbild.

In dieser kurzen Anleitung auf die Gesteine einzugehen, ist nicht möglich, wohl aber sei darauf hingewiesen, daß eine Feststellung von anstehendem Gestein, Fels, Sand, Kies, Lehm — nach Farbe und Formenbildung oft recht gut möglich ist. Ein Lehrer, der die Geologie seiner Heimat kennt, kann bei Sportübungen solche Kenntnisse sehr gut verwerten, indem er diese mit den Oberflächenformen in Verbindung bringt.

h) Der lose Boden.

Geländesportlich wichtig ist einmal seine Tiefe, seine Grabbarkeit, die Standfestigkeit seiner Wandungen, das Vorhandensein von Steinen zur Errichtung eines deckenden Schutzwalles, sodann aber auch die Festigkeit des Bodens gegenüber Wagenrädern. Sand, Lehm, Ton, Mergel, Schotter, Kies sind wohl allgemein bekannt; desgleichen ist leicht feststellbar der Wassergehalt: trocken, feucht, naß.

2. Wasser, Eis und Schnee in der Landschaft.

a) Das Grundwasser ist nicht sichtbar, aber bezüglich der Wasserversorgung wichtig. Auch Grabungen haben mit ihm zu rechnen. Also unterrichte man sich über den Wasserstand in Brunnen.

b) Quellen stammen aus dem Grundwasser oder aus dem Kluftwasser fester Gesteine. Sie sind meist weit zahlreicher, als die Karten sie zeigen, und können sich bei Grabungen unangenehm bemerkbar machen. Erkundigungen bei Bauern sind oft lehrreich.

c) Sümpfe mit stehendem Wasser in Niederungen sowie mit fließendem Wasser auf Hängen sind meist austretendes Quell-Grundwasser. Sie sind oft an einer Sumpfflora erkennbar.

d) Regen- und Schmelzwasserfluten.

Regenfluten entstehen nach Wolkenbrüchen auf tonigem Boden, besonders auf Wegen, werden bei uns aber durch Pflanzen und Pflügen verhindert, große Ausdehnung anzunehmen. Auf den Höhen der Gebirge, im Frühling entwickeln sich dagegen ausgedehnte Schmelzwasserfluten über dem gefrorenen Boden. Sie fließen namentlich unter der Schneedecke und sind ein sehr empfindliches Hindernis beim Überschreiten der Hänge.

e) Bäche und Flüsse sind von besonderer Wichtigkeit als Wasserversorger und namentlich bezüglich ihrer Wirkung auf den Verkehr: Verkehrswege für Schiffe, Verkehrshindernisse beim Überschreiten. Die Unterschiede bei Niedrig- und Hochwasser sind zu beachten. Ersteres entsteht bei anhaltend trockenem Wetter und anhaltendem Winterfrost, letzteres nach anhaltendem Regenwetter, während der Schneeschmelze und nach sommerlichen Wolkenbrüchen. Das Hochwasser erzeugt Überschwemmungen, und diese lassen vorübergehend oder dauernd Sümpfe entstehen. An den Ufern der Bäche und Flüsse sind verkehrswichtig: Steilufer und Flachhänge, Prallhänge, flache Gleithänge (Abb. 25), im Wasser selbst aber bei Bootfahrten der Stromstrich (Abb. 26) und Wirbelbildungen: Saugwirbel, die nach unten, Quellwirbel, die nach oben gerichtet sind. Kolke, die ganz unvermutet auf dem Boden der Flußbecken auftreten, können Nichtschwimmern gefährlich werden.

f) Bei Seen achte man auf die Tatsache, daß gerade bei tiefen Seen oft nur eine schmale „Schorre" d. h. Flachzone vorhanden ist, hinter der der Boden schnell absinkt. Beim Baden trifft man häufig auf kalte Quellen, die recht unangenehm wirken können. Hinsichtlich der Seeformen beachte man: Rinnen-, Kessel-, gelappte Seen, ferner See-Engen, die wie Pässe wirken, und See-Weiten. Flußseen bildet z. B. die Havel. Hochflutseen begleiten seitlich manche Dammflüsse. An Küsten aber finden sich Haffe und Strandseen (Ostseeküste). Meßtischblätter aus dem Bereich des seenreichen Baltischen Höhenrückens zeigen mancherlei Seeformen.

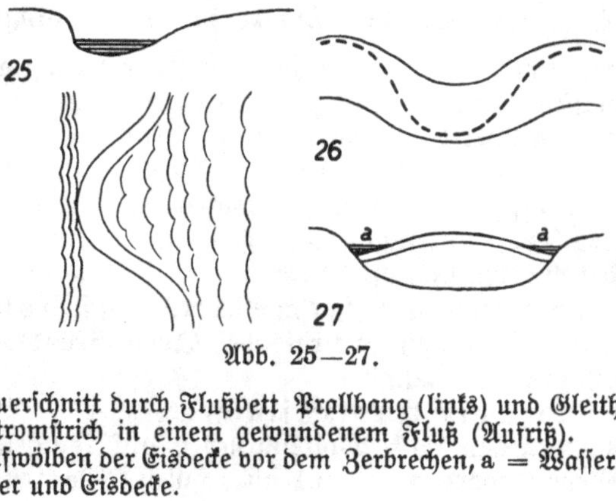

Abb. 25—27.

Abb. 25. Querschnitt durch Flußbett Prallhang (links) und Gleithang (rechts).
Abb. 26. Stromstrich in einem gewundenem Fluß (Aufriß).
Abb. 27. Aufwölben der Eisdecke vor dem Zerbrechen, a = Wasserlachen zwischen Ufer und Eisdecke.

g) Eis der Seen und Flüsse wird bei Winterübungen wichtig, desgleichen Eisdecken, Zerspaltung der Eisdecken unter donnergleichem Krachen (zum Beispiel auf den Haffen), offene Stellen über Quellen, die Eispressung am Ufer unter Vordringen der Eisdecke auf das Land, die Bewegungen der Eisdecke auf den Flüssen vor dem Aufbrechen (Abb. 27), der Eisgang mit Schollentreiben und -verstopfungen (Pfannkucheneis!).

h) Schnee ist hinsichtlich seiner Wirkung auf den Geländesport, je nach Dicke und Verteilung, verschieden: Höhe der Schneedecke, lückenhaft oder geschlossen, Schneeanhäufung in Gräben und Schneewehen, Eiskruste auf dem Schnee. In den Gebirgen, namentlich in den Alpen, ist das Studium des Schnees mit Lawinen, Schneewächten, Schluchtausfüllungen eine Sache für sich, die hier ebensowenig wie die Gletscher behandelt werden können.

i) Das Glatteis wegen seiner Wirkung auf das Gehen, der Rauhreif und die Vereisung der Bäume und sonstiger aufragender Gegenstände wegen der Waldschäden seien auch erwähnt.

k) Winterfrostboden kann ein großes Hindernis beim Graben sein, aber er ist oft nicht tief und mit Hacken zu entfernen.

3. Die Pflanzendecke im Landschaftsbild.

Zu unterscheiden sind Wuchsformen der Pflanzen und Pflanzenvereine. Beachtung findet hier natürlich nur die heimische Pflanzenwelt.

Um geländesportliche Meldungen in klarer Form machen zu können, sind folgende Kenntnisse erforderlich:

a) Wuchsformen der Einzelpflanzen.

Bäume: Laub- und Nadelbäume. Form der Krone: Rundkrone (Linde, Rüster, Buche), Schirmform (Kiefer), Spindelform (Kanadische Pappel, Wacholder), Kegelform (Tanne, Fichte). Die wichtigsten Baumarten zu kennen, ist notwendig; Beschreibungen werden dann klarer.

Sträucher mit vielen dünnen Stämmen aus gemeinsamer Wurzel. Die Wuchsformen sind ähnlich denen der Bäume: kegel-, spindel-, schirmförmig, rundlich.

Zwergsträucher und Halbsträucher: Kleine holzige Sträucher wie Blaubeeren, Preißelbeeren, Heidekraut.

Stauden und Kräuter: Unsere Blumen, Hochstauden werden bis mannshoch und höher (Königskerze, Fingerhut), Großblattgewächse, zum Beispiel Pestwurz und Huflattich stehn an Bachrändern.

Gräser: Wiesengräser, Sumpfgräser, Schilf, usw.

Niedrige Pflanzen: Moose, Flechten.

Wasserpflanzen: Schilfrohr, Binsen, Seerosen, Mummeln, Entenflott, schwimmende und wurzelnde Wasserpflanzen.

b) Pflanzenvereine.

Wälder: Bei uns nur Pflanzwälder: Laubwälder (bes. Buchenwälder), Nadelwälder (Kiefern, Fichten, Tannen) — Mischwälder aus Laub- und Nadelbäumen.

Man achte auf Wegsamkeit und Unterholz, das sportlich sehr wichtig ist: Gebüschwald mit, der Hallenwald ohne Unterholz (Buchenwälder!).

Gebüsche: Laub- und Nadelgebüsche, ohne Verfilzung der Äste — also gangbar, Höhe bis einige Meter.

Gestrüpp mit Verschlingung der Äste, also nicht gangbar, Höhe verschieden (über, unter mannshoch). Knieholz ist niedriges Gestrüpp, hierher gehört das Krummholz der Alpen mit Bergföhren und Alpenrosen.

Bekannt sind die Ausdrücke: Heiden mit Heidekraut — Wiesen (Gräser) — Matten (kurzgeschorener Rasen und Rosettenpflanzen) — Moos- und Flechtendecke.

Mischvereine aus mehreren Wuchsformen: Auenwälder mit Bäumen und Wiesen — Parklandschaften aus Gehölzen, Feldern, Wiesen.

c) Kulturpflanzen.

Felder: Getreidefelder, Krautfelder (Klee, Buchweizen, Lupinen, Kartoffeln, Flachs, Mohn), Wiesen.

Baum- und Strauchpflanzungen: Obstbaum- und Beerenobstpflanzungen, Baumschulen, Gärtnereien, Weinberge.

Gärten mit Bäumen und Beeten.

Baumfelder: Vereinigung von Feldern und Bäumen, besonders in Süddeutschland.

Baumwege: wichtig im Landschaftsbild und zur Deckung, mit Obstbäumen, Pappeln, Weiden, Birken.

Wiesen- und Gebüschraine an Wegen, auch als Stufen auf Hängen, manchmal aus Lesesteinhaufen.

Sumpfgewächse auf nassem Boden oder im Wasser: Erlen-, Schilf-, Wiesensümpfe.

Ödländereien: unbenutztes wertloses Land mit Gestrüpp, Bäumen, Wiesen, Triften, Steinen, Felsen, Flechten, Moosen, alles durcheinander, meist auf einem Boden, der sich nicht ausnutzen läßt, z. B. auf Steilhängen, Felsen, Geröll.

Moore: Wiesen- und Flachmoore aus Gräsern und Kräutern. Hochmoore aus Moosen. Gehölzmoore, d. h. Hochmoor oder Flachmoor mit Bäumen und Sträuchern, vereinzelt oder in lichten Vereinen. Wichtig ist, ob die Moore trocken oder naß, also gangbar oder nicht gangbar sind.

Gerade für sportliche Übungen wichtig sind auf Feldern und Berghängen, die Wiesen- oder Gebüschraine in Stufenform, mit Steinmauern oder aus Erde, Terrassierung der Hänge, z. B. in Weinbergen. Hecken und Knicks in Ebenen (Holstein!)

4. Küsten im Landschaftsbild.

Die Grenze zwischen Land und Wasser ist geländesportlich von großer Bedeutung. Es kommt darauf an, ob man von dem Ufer in das Wasser oder umgekehrt bequem gelangen kann. Auch ist der „Strand" oft als Weg zu benutzen.

Flußufer. Ist das Wasser am Ufer tief oder flach, die Strömung reißend oder gering? Ist das Ufer steil oder flach? Findet sich ein Schilf-, Sumpf-, Wiesenmoor-, Sand-, Felsstreifen. Wie ist die Pflanzendecke?

Seeufer. Abgesehen von der fehlenden Strömung kommt es auf dieselben Gesichtspunkte an, wie bei Flüssen.

Meeresküsten. Ostsee und Nordsee haben wesentlich verschiedenen Küstencharakter.

Nordsee. Die starken Gezeitenunterschiede bedingen an der Flachküste die Entstehung der Watten (Abb. 28). Marschland mit Deichen,

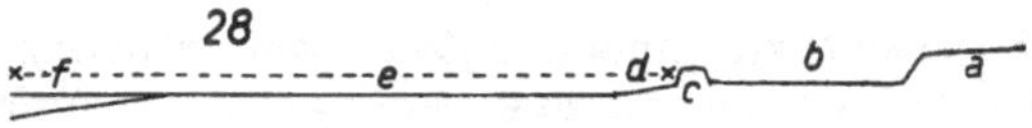

Abb. 28.

Querschnitt durch die Watten-Marschlandschaft. a Geest, b Marschland mit Gräben, Flüssen, hohem Grundwasserstand. c Deich, d Außendeich, e Watten mit Prielen, Inseln, Halbinseln, f das Meer. × — × Die Hochwasserebene.

Außendeich mit Wiesen und Salzwiesen, die Watten mit Prielen, die Wiesenplatten der Halligen, die Düneninseln, die hohen Kliffküsten (Sylt, Amrum) bedingen ganz bestimmte geländesportliche Voraussetzungen, und bei Übungen könnten Faltbootunternehmungen manche Anregung bieten. An der Ostseeküste hat man Kliffküsten mit breitem oder schmalem Strand, mit Sand oder Blockgeröll, mit Wald- und Gebüschschluchten, mit kahlen oder bewachsenen Dünen, mit sanft geschwungenen Buchten oder tief ins Land greifenden Bodden und Föhrden. Die geländesportlichen Bedingungen sind reichhaltig und namentlich die Nehrungen dürften geradezu ideale Gegenden für Geländesport sein.

5. Siedlungen.

Häuser, Dörfer dienen zur Orientierung, sind aber auch sonst für den Geländesport bedeutsam.

a) Folgende Hausformen sind bei uns häufig: Giebeldachhaus — Walmdachhaus — Pyramidenwalmdachhaus — Pultdachhaus. Manche Gegenden haben bestimmte dörfliche Hausformen: Niedersächsisches Bauernhaus, Fränkisches Gehöfthaus, Schwarzwaldhaus, oberösterreichischer Vierkanter. Mit den Namen: Villen, Stadthäuser kann man moderne Bauten kennzeichnen.

Bei Meldungen kann die genaue Angabe des Materials zwecks Wiederfinden des Beobachtungspunktes wichtig sein: Stroh-, Schiefer-, Ziegeldächer — an den Wänden Bretter, Holzschindeln, Schiefer- oder Sandsteinplattem, ferner Fachwerk-, Ziegel-, Stein-, Mörtelwände. Blockhaus aus Balken. Zahl der Etagen. Man unterscheide Wohn- und Wirtschaftshäuser (Ställe, Scheunen, Holzschuppen). Holzzäune, Steinmauern können sportlich wichtig sein.

b) Gehöfte entstehen durch das Zusammentreten der verschiedenen Hausarten. Im Einheitshaus oder Gehöfthaus ist alles unter einem Dach vereinigt — z. B. Niedersächsisches Bauernhaus, Schwarzwald-, Alpenhäuser. Offene Gehöfte bestehen aus einzeln stehenden Häusern. Hofgehöfte können einen Vorderhof, Hinterhof (oder beides) oder einen Zentralhof besitzen — Fränkischer Bauernhof in Thüringen, Hessen, Franken.

c) Dörfer entstehen durch Zusammentreten von Gehöften und Häusern. Man kennt: Streusiedlungen aus vereinzelten Gehöften. Haufendörfer, Runddörfer mit Zentralplatz, Straßendörfer (ein- und zweizeilig), Kettendörfer aus einzelnen Gehöften, die in Gärten und Feldern liegen können, Deichdörfer aus Einzelhäusern und Gehöften im Verlauf eines Deiches.

Innerhalb der Dörfer sind als feste Steingebäude die Kirchen und die Kirchhöfe mit Steinmauern oft wichtig, desgleichen das Vorhandensein oder Fehlen von Baumgärten, von Dorfplatz, Dorfteich, Dorfanger. Burgruinen sind nicht nur malerisch, sondern auch geländesportlich interessant.

d) Lage der Siedlungen im Gelände.

Bei Meldungen, aber auch bei Ausnutzung der geländesportlichen Bedingungen kann die Feststellung der Lage der Siedlungen zu den Elementen der Landschaft wichtig sein.

Siedlungen und Oberflächenformen: Lage am Fuß, auf den Hängen, auf dem Gipfel oder dem Kamm von Bergen, z. B. die Paßlage. Verschiedenartig ist die Tallage: Sammeltrichterlage, d. h. dort, wo in einem Bergland strahlenförmig die Quellbäche zusammenkommen, oder an der Vereinigungsstelle von Haupt- und Nebental oder auf der Talsohle auf einer Längsstufe, am Fuß eines Talhanges, in einem Talkessel, in einer Talenge. Nestlage bedeutet Lage in einer Vertiefung, in einer Mulde, Delle. Ferner Lage in der Ebene, auf einer Welle, auf einer Kuppe u. a. m.

Siedlungen und Wasser: Lage am Seerand, in einer Seebucht, auf einer Halbinsel, am Rand des Überschwemmungsgebietes, in Paßlage zwischen zwei Seen oder an einem zwei Seen verbindenden Fluß, auf einer

Insel, auf nicht überschwemmtem Flußufer, auf dem Uferwall, hinter dem Deich, auf dem Deich an einer Furt in einer Flußschlinge, auf Prallhang oder Gleithang. Die Lage kann bedingt sein durch Quellen oder Brunnen. So liegen z. B. in Thüringen viele Dörfer auf Röt nahe dem Fuß der Wellenkalkhänge wegen der dort austretenden Quellen.

Siedlungen und Pflanzendecke: Am Waldrand, im Wald, inmitten von Feldern, am Rande von Feldern, zwischen Wiesen und Feldern.

Siedlungen und Boden: Auf gutem nutzbarem Boden, auf steinigen unbrauchbaren Böden, auf Sandinseln, auf Lehm-, Marsch-, Mergelboden.

e) Siedlungsdichte. Manche Gegenden sind reich, andere arm an Siedlungen. Man vergleiche die Siedlungszahl auf bestimmten Räumen, zum Beispiel je Meßtischblatt, mit der Beschaffenheit der Böden, den Oberflächenformen, den Wasserverhältnissen, und man wird interessante Feststellungen machen: z. B. die Siedlungsdichte auf dem Löß der Magdeburger Börde ist groß, auf dem Sand der Urstromtäler dagegen gering.

6. Verkehrswege.

Die Wichtigkeit der Verkehrswege für den Geländesport ist eine solche Selbstverständlichkeit, daß eine Erörterung hierüber überflüssig sein dürfte. Hängt doch die Bewegungsmöglichkeit für Fußgänger, Reiter, Wagen ganz wesentlich von der Beschaffenheit der Straßen ab. Eine Beschreibung richtet sich nach folgenden Gesichtspunkten

a) Beschaffenheit der Wege. Naturstraßen ohne künstliche Hilfsmittel: Fußwege, Reitwege, Fahrwege.

Kunststraßen: Dammstraßen mit Unterbau, Pflasterung mit Steinen, Steinplatten, Steinschlag (Chausseen), Asphalt, Zement. Geländesportlich wichtig sind Dämme, Hohlwege, Tunnel, Straßenwindungen.

b) Wege und Boden: Trockener, nasser, fester, weicher Boden. Felsboden, Sand, Flugsand, Löß, Geröll, Blockschutt, Torf, Moor.

c) Zum Überschreiten von Bächen und Flüssen: Trittsteine, Holzstege mit und ohne Geländer, Holzbrücken mit oder ohne Holzaufbau, Stein- und Eisenbrücken mit oder ohne Bogen und Pfeilern, Ketten-, Hänge-, Drehbrücken, Pontonbrücken, Fähren.

d) Lage der Straßen im Gelände.

Wege und Berge: Fuß-, Hang-, Kammlage der Wege. Vermeiden der Berge.

Wege und Täler: auf der Talsohle, an dem Fuß des Talhanges, auf dem Talhang, auf Zwischentalrücken.

Wege und Wasser: am Seeufer, am Flußufer, am Rand des Überschwemmungsgebietes oder Sumpfes oder diese querend. Ausweichen der

Wege vor Sümpfen, Seen, Flußbiegungen, Abschneiden von Flußschlingen und so weiter.

Wege und Boden: Vermeiden fruchtbarer, Aufsuchen unfruchtbarer, sandiger, nasser, steiniger Böden.

Wege und Pflanzendecke: Einfluß von Feldern, Wiesen, Wäldern auf die Richtung der Wege.

Wege und Siedlungen: Direkte Verbindung von Orten durch einen Weg, Seitenlage zu Hauptwegen mit Nebenweg, Lage an Kreuzwegen, an Wegteilungen und Wegsternen.

e) Die Dichte des Wegenetzes ist ein geländesportlich wichtiger Faktor in der Landschaft. Man vergleiche die Dichte des Wegenetzes mit der Siedlungsdichte. Dabei sind nicht nur die großen Straßen, sondern auch die kleinen Wege bis hinab zu Feld- und Fußwegen zu berücksichtigen. Die Möglichkeit, daß größere Menschenmengen, auf breiter Front marschierend, rasch vorwärtskommen hängt wesentlich von der Wegedichte ab.

C. Übungen.

Die Auswertung der gegebenen Anleitung kann theoretisch und praktisch erfolgen.

I. Theoretische Übungen an der Hand der Karten.

1. Messungen der Abstände von Orten in der Luftlinie, z. B. mit Hilfe eine Millimeterstabes.

2. Messungen der Höhendifferenzen auf Meßtischblättern.

3. Versuch, die Oberflächenformen aus der Karte zu entnehmen: Erhebungen, Talformen.

4. Wasserverhältnisse: Seen, Sümpfe, Gräben, Flüsse, Trockenbetten, Trockentäler.

5. Verbreitung von Feldern, Wiesen, Wäldern im Verhältnis zu Oberflächenformen und Wasser.

6. Siedlungen.

a) Größe, b) Arten (Städte, Dörfer, Einzelsiedlungen u. a. m.) c) Lage zu den Oberflächenformen (bes. zu Bergen, Tälern), zum Wasser (Seen, Quellen, Flüssen), zur Pflanzendecke (Wäldern, Wiesen, Feldern).

7. Verkehrswege: a) Arten (Chausseen usw.), b) Straßendichte im Verhältnis zu Oberflächenformen, Wasser, Pflanzendecke, c) Lage der Straßen im Verhältnis zu Oberflächenformen (Bergen, Tälern, Flachland), zu Seen, Flüssen, Sümpfen, zu Wäldern, Kulturländern. Gibt es Pässe? Wie erreichen die Straßen die Pässe? Laufen sie in den Tälern, auf den Hängen, auf den Kämmen oder zuerst so, dann so?

II. Praktische Übungen im Gelände.

1. Übungen im Entfernungsschätzen, mit und ohne Karte, bei verschiedener Beleuchtung, bei verschiedener Durchsichtigkeit der Luft, bei zusammenhängenden und bei durch Vertiefungen (Niederungen, Mulden, Täler) unterbrochenem Gelände.

Abschreiten von Strecken von 100—200 m usw. auf geradlinigen Chausseen und damit Übungen im Abschätzen der Abstände. Man vergleiche die Größe von Bauernhäusern, Kirchen aus bekannter Entfernung und präge sich das Größenbild ein.

2. Übungen im Höhenschätzen, zunächst mit Hilfe der Karte, dann ohne solche. Man vergleiche die Höhe von Häusern und Bäumen mit der Höhe von Talhängen, Bergen usw. unter Berücksichtigung der Entfernung der Berggipfel, deren Höhe man schätzt. Meist werden die Höhen überschätzt. Das Abschätzen von steilen Bergen ist leichter als das von flach ansteigenden.

3. Welche Oberflächenformen sind vorhanden? Flachlandformen, Bergformen, Talformen. Welche Bedeutung haben die Formen für Deckungs-, Marsch-, Transport-, Übersichtsmöglichkeiten?

4. Gibt es Flüsse? Seen? Sümpfe? Welche Beziehungen zu Oberflächenformen.

5. Welche Pflanzendecke? Wälder, Felder, Wiesen, Parkland. Welches Verhältnis zu Oberfläche und Wasser?

6. Ortschaften nach Größe, Aussehen, Lage zu Oberflächenformen, Wasser, Pflanzendecke.

7. Verkehrswege nach Arten, Dichte, Lage zu Oberflächengestaltung, zu Wasser und Pflanzendecke.

III. Zusammenfassende landschaftskundliche Beschreibung.

Hiermit kommen wir zu dem letzten und vielleicht wichtigsten Abschnitt: Geländesport und Landschaftskunde. Bisher sind die einzelnen Elemente in der Landschaft, die Landschaftsbildner für sich allein betrachtet worden, es ist aber klar, daß maßgebend ist für das Landschaftsbild — und für den Geländesport — das Zusammenschließen einzelner Landschaftsbildner zu landschaftlichen Einheiten, zu „Landschaftsräumen". Landschaftseinheiten können von sehr verschiedener Größenordnung sein. Ohne weiteres ist es zu verstehen, daß es beim Geländesport nicht gleichgültig ist, ob eine Schlucht mit Wald erfüllt oder mit Gras bewachsen ist — Deckung und Wegsamkeit, — ob eine Niederung nasse oder trockene Wiesen, ob sie Erlen- oder Schilfsümpfe enthält, d. h. ob sie eine Wiesenniederung oder eine Flachmoorniederung oder eine Erlensumpfniederung oder eine Schilfsumpfniederung ist. Eine

Bergkette hat geländesportlich eine ganz verschiedene Ausnutzbarkeit, je nachdem sie eine Felder-Bergkette, eine Kulturparkland-Bergkette, eine Wald- oder Gestrüpp- oder Wiesenbergkette ist, oder ob sie oben einen Waldkamm, darunter aber einen Feldersockel besitzt, ob Wald- oder Wiesen- oder Felsschluchten ihre Hänge zerschneiden, ob diese glatt, stufenförmig oder zerrissen sind.

Zwei Beispiele einer Geländebeschreibung mögen diesen Abschnitt beschließen.

Abb. 29. Erläuterung einer von dem Standpunkt X angefertigten Kartenskizze. Mein Standpunkt liegt auf einer Felderplatte nahe dem Rande eines Talhanges, der sich zu einem 100 m breiten Erlenwaldstreifen herabsenkt. Dieser Erlenwaldstreifen steht auf der sumpfigen Sohle eines von einem Bach durchschlängelten Tales —, es ist also ein Erlensumpf-Sohlental, das schwer gangbar ist, aber gute Deckung bietet. Der Abhang des sich um meinem Standpunkt herumbiegenden Waldtales ist im N. zirka 1000 m, im O. zirka 800 m entfernt. Die Felderplatte wird von zwei kurzen sumpfigen Wiesenmulden zertalt, die gangbar sind und gegen Horizontalsicht, nicht aber gegen Flieger Deckung bieten. Ein von links kommender W.—O. laufender Baumweg — Pflaumenbäume — liegt

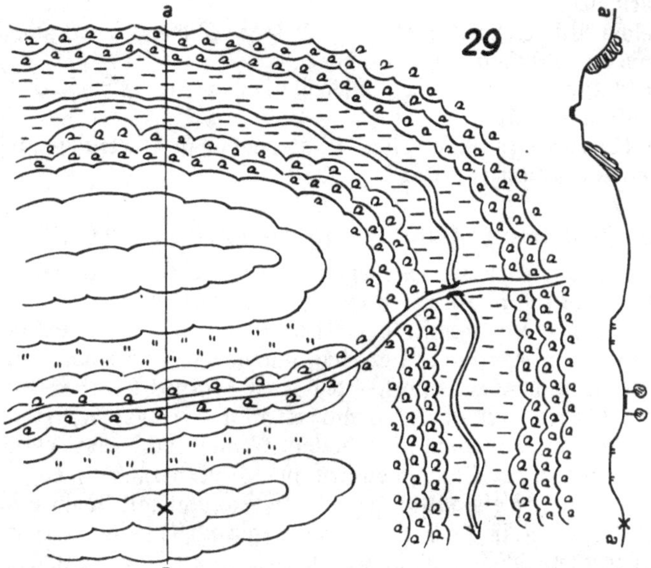

Abb. 29. Beispiel einer Geländebeschreibung nach Kartenskizze.
a—a Lage des Profils x Standort des Beobachters.

30

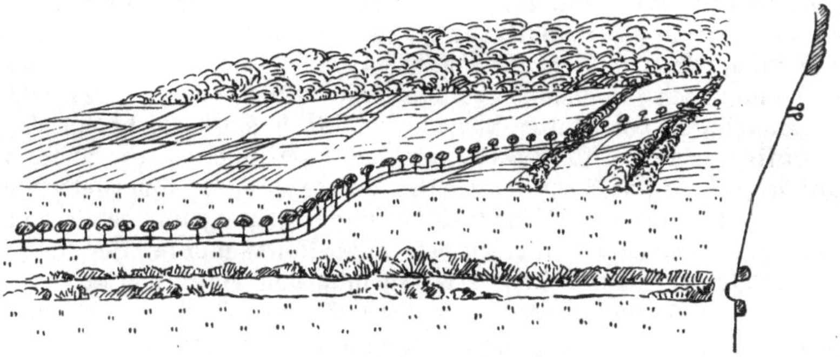

Abb. 30. Beispiel einer Geländebeschreibung nach Zeichnung.

in zirka 400 m Entfernung vor mir. Er benutzt den Zwischentalrücken, um zum Erlensumpfwaldtal hinabzusteigen. Das ist auf 3 km nach jeder Richtung hin der einzige fahrbare Weg, der das Erlensumpftal kreuzt.

Abb. 30. Skizze eines Höhenzuges. Ich stehe in einem zirka 1 km breiten Wiesental. Vor mir zieht sich in zirka 400 m Abstand ein Weidenbach hin, der 2 m tief und steilwandig in die trockene Horizontalwiesensohle eingeschnitten und leicht zu überschreiten ist. Die Bachrinne bietet zwar Deckung gegen Horizontalsicht, aber es besteht Einblick von den Bergen her. Jenseits des Baches steigt eine trockene, 200 m breite Böschungs-Wiesensohle zu dem Berghang an. Dieser hat ein welliges Kammprofil; ob eine Kette oder ein Tafelrand vorliegt, ist nicht erkennbar. Der Bergzug besitzt oben einen steilen Laubwaldhang — wohl Buchen — und darunter eine flachere Felderböschung mit zwei Gehölzschluchten und hat örtlich Gebüsch-Stufenraine. Die Gebüschschluchten gestatten ein unbemerktes Emporsteigen zum Kamm mit Deckung gegen Flieger und vom Kamm her. Ein von links kommender Baumweg verläuft zuerst auf der Böschungswiesensohle, steigt aber an der Einmündung des Sammeltrichters auf dem Felderhang zum Waldkamm empor. Dieser Weg ist für Fahrzeugen, die die Höhe erreichen wollen, allein benutzbar. Das Profil erläutert die schriftliche Darstellung.

Schlußwort.

In dieser kurzen Schrift ist es ausgeschlossen, mehr als eine Anleitung zu eigenen Beobachtungen zu geben. Mit den hier gegebenen Gesichtspunkten dürfte sich aber geradezu ein ganz neues Feld geländesportlich-geographischer Betätigung eröffnen. Jeder der vor die Aufgabe gestellt wird, die verschiedenen Gebiete seiner Heimat landschaftskundlich-geländesportlich zu beschreiben und damit erst die Grundlagen für eine volkserzieherisch so überaus wichtige Heimatkunde zu schaffen, wird sich in Landschaftsbeschreibung üben müssen. Es müßte wirklich lehrreich sein, systematisch die Bedingungen für Geländesport in verschiedenen deutschen Gegenden, zum Beispiel an der Wattenküste und im Marschland, auf der Geest, an der Kliff-, Bodden-, Förden-, Dünen-, und Haffküste zu erforschen. Die Kurische und Frische Nehrung dürften geradezu ideale Sportfelder sein. Von Jena aus wären z. B. die Geländesportbedingungen in dem Saaletal selbst, sowie auf den Tafelflächen des Muschelkalkes und im Bergland des Buntsandsteins zu bearbeiten. Das Rheintal von Basel bis Köln hat in seinen geologisch-morphographisch so überaus mannigfaltig gebauten Berg- und Flachländern wiederum ganz anders geartete Bedingungen usw. Bei der nationalen Erziehung und der siegreichen Durchführung der nationalen Revolution könnte die Geographie in der Form der Geländesportgeographie eine bedeutsame Rolle spielen. Denn für die Erweckung von Idealismus, Heimatliebe, Nationalstolz und nationaler Begeisterung sind gerade Geländesportübungen geeignet, die neben körperlicher Ertüchtigung und Gesundheit, gleichzeitig Beobachtungsgabe, Scharfsinn, Selbständigkeit und Führerbegabung entwickeln und obendrein geeignet sind, die Fähigkeit des Zeichnens und Kartenlesens von Kind auf auszubilden. Aber auch die reine, nicht angewandte Wissenschaft könnte wesentlich gefördert werden, nämlich die Landschaftskunde der engeren Heimat. Damit erwirbt sich aber auch die Geographie das Recht zu verlangen, in der neuen nationalen Schule zusammen mit Deutsch und Geschichte das große Triumvirat zu bilden, dem die Erziehung der Jugend im Neuen Reich in erster Linie anvertraut werden sollte.

Es sei schließlich darauf aufmerksam gemacht, daß in dieser kleinen Schrift lediglich mit kurzen Worten auf die verschiedenen Erscheinungen hingewiesen werden konnte. Eine ausführliche Anleitung namentlich für Lehrer, die im Geländesport Unterricht erteilen, gibt die „Beschreibende Landschaftskunde" des Verfassers (siehe 4. Seite des Umschlages).

Beschreibende Landschaftskunde

von Siegfried Passarge

Zweite erweiterte und verbesserte Auflage des 1. Bandes der Grundlagen der Landschaftskunde. Großokt. XV, 312 Seiten mit 178 Abb. im Text und 20 Tafeln. Geh. 13,— RM., in Leinen 15,— RM.

Die Grundlagen der Landschaftskunde

von Siegfried Passarge

Band I: Siehe Beschreibende Landschaftskunde.
Band II: Klima, Meere, Pflanzen und Tiere. 222 Seiten mit 78 Abb. im Text und 18 Tafeln. 1920. Geh. 3,60 RM., in Leinen 6,30 RM.
Band III: Die Oberflächengestalt der Erde. 553 Seiten mit 220 Abb. im Text und 17 Tafeln. 1920. Geh. 12,60 RM., in Leinen 19,80 RM.
Band IV: Der Mensch in der Landschaft. Ist in Vorbereitung.

Stadtlandschaften der Erde

Unter Mitarbeit von B. Dietrich, M. Eckardt, K. Frenzel, W. Geisler, O. Jessen, L. Mecking, H. Schmidthenner und A. Schultz. Herausgegeben von Siegfried Passarge. Großokt. VII, 157 Seiten mit 30 Figuren im Text und 8 Tafeln. 1930. Kartoniert 7,20 RM.

Landschaft und Kulturentwicklung in unseren Klimabreiten

von Siegfried Passarge

Großoktav. 156 Seiten und 2 Karten. 1922. Geh. 4,50 RM., in Leinen 7,20 RM.

Morphologischer Atlas

Lieferung I von Siegfried Passarge, Morphologie des Meßtischblattes Stadtremda. Vergriffen.
Lieferung II von Carl Rathjens, Morphologie des Meßtischblattes Saalfeld. In Mappe (30:25), Erläuterungen, Oktav. IV, 92 Seiten. 1920. 3,60 RM.

Landschaftskundliche Charakteristik der Rhön im Bereich der Meßtischblätter Kleinassen, Gersfeld, Hilders und Sondheim, sowie ihre Bedeutung für die geologische Landesaufnahme

von Siegfried Passarge

(Sonderdruck aus den Mitteilungen der Geographischen Gesellschaft in Hamburg, Band XLIII) 1933, Seite 164—266. 103 Textfiguren und 8 Tafeln. 4.— RM.

Friederichsen, de Gruyter & Co. m. b. H., Hamburg 1, Alsterdamm 10/11

Druck von J. J. Augustin in Glückstadt und Hamburg.

Kolibri 360 GmbH
Ferdinand-Jühlke-Straße 7
99095 Erfurt, Deutschland
produktsicherheit@kolibri360.de